U0060324

目 錄

目 錄

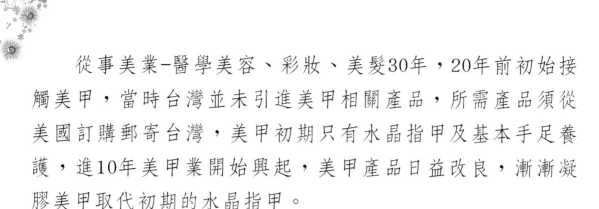

作者序

　　從事美業–醫學美容、彩妝、美髮30年，20年前初始接觸美甲，當時台灣並未引進美甲相關產品，所需產品須從美國訂購郵寄台灣，美甲初期只有水晶指甲及基本手足養護，進10年美甲業開始興起，美甲產品日益改良，漸漸凝膠美甲取代初期的水晶指甲。

　　本人長期接觸醫學美容規劃多家醫美診所，接觸許多不同及手足皮膚狀況，因此在手足保養相關知識理論提供初學者對於手足皮膚認知。

　　凝膠美甲近幾年日益發展，凝膠彩繪，凝膠造型，介紹色調運用，素材運用及凝膠彩繪設計等。簡易圖解，美甲造型設計成品，使初學進入美甲領域學習的工具書。

　　多年的美甲教學經驗輔導許多優秀美甲從業人員，本書美甲造型設計成品，收錄結業後就創業學員提供設計成品，提供給讀者參閱。

　　本書出版感謝阿爾堤斯美容美髮補習班團隊，創業美甲學員提供美甲造型圖片，特別感謝培英醫整型醫美診所院長提供手足相關知識及圖片。教材付梓恐又疏漏，尚祈各界先進不吝指正，使其更臻完善。

黃敏香 謹識

黃敏香

學歷

東方設計大學文化創意研究所畢
嘉南藥理科技大學化妝品應用管理系畢
法國ATELIER彩妝學院結業(至法國進修)
法國DIPLOME海洋療法美容中心研習(至法國進修)
勞動部美容丙乙級檢定合格

現任

阿爾堤斯科技有限公司附設美容美髮短期補習班-班主任
社團法人文化美學創意教育協會-理事長
嘉南藥理大學化妝品應用管理兼任講師

獎項

108年榮獲教育局補教業師鐸獎創辦人獎
106年榮獲教育局補教業師鐸獎班主任獎
104年榮獲教育局補教業師鐸獎優良講師獎

媒體報導

106年獲得越南國家電視台採訪報導
107年中天及中視新聞採報導
108年大陸東南衛視、福建日報、平潭網等採訪報導

經歷

中華民國美容美甲美睫產業養成協會-理事長
輔英科技大學學術演講講座教授
東方技術學院流行設計系-兼任彩妝講師
國際文創盃設計競賽-擔任美甲創意造型裁判長
NCCA凝膠美甲檢定評審
小人提計畫企業訓練講師
SASA國際控股公司委外教育訓練
規劃營運建生醫院/真善美診所等多家自費醫美
培英診所/今晶診所/真善美診所內部訓練教育講師
醫美聯合診所-教育總監
肌膚重建醫療機構-教育總監
曹賜斌整形外科-美容丙乙級講師
斐文整體美學教育機構-主任
時新石美玲美容補習班-美容彩妝講師
各大化妝品公司產品規劃

　　黃敏香老師美容業界已餘30年，20年前跟我都是業界早期進入醫學美容界的拓荒者，而尤其熱心於醫學美容相關技術的教育推廣工作，於任職於大型醫美連鎖診所累積大量實務經驗之後，立志於將美容行業提升至醫療等級，並傳達正確醫美知識而設立美容美髮美甲美睫補習班俾能知識傳承，由美容美甲進而醫美，店務輔導管理堪稱坊間第一人。

　　近日欣聞黃敏香老師願意將自身經驗付梓，嘉惠有志從事美容美甲醫美等等與美有關事業的廣大讀者，特與推薦，希望本書能對有志者起到敲門磚的效果，入門領略美容美甲行業理論與實務訣竅，進而促進個人事業及行業的蓬勃發展。

培英醫美診所

院長馬晁棠

　　作者黃敏香老師從事美容美髮美甲美睫教育事業已餘30年，熱心美容美髮美甲美睫實務教育，教學經驗豐富，作育英才無數，提拔後進不遺於力，獲選高雄市108年度補習班暨兒童課後照顧服務中心補教的「優良創辦人」獎、106年度榮獲「班主任」獎、104年度榮獲「優良教師」獎，這些獎項都是主管機關單位對黃敏香老師多年來積極用心的肯定，可說是實至名歸。

　　黃敏香老師以身作則，希望可以樹立典範，以「取之社會、用之社會」的概念，建構美容美髮教育美甲美睫產業的共好氛圍並創造良善循環。不藏私的將30年寶貴美甲實務經驗傳承共分成「手足保養篇」、「色彩運用篇」與「凝膠篇」，共三篇。從構造組織基礎、實務操作到技巧應用，內容規劃循序漸進的方式由淺入深，並以圖文並茂方式，每一個步驟均詳細解說。本書可讓對手足保養、美甲實務有興趣的初學者、學習中學員或即將創業者奉為圭臬，是協助學員對於學理與實務技巧自我提升時重要的參考工具。

　　期許學習美容美髮學員美甲美睫「學海無涯、唯勤是岸」，透過本書的領略手足保養、美甲實務的精髓，提升技藝並為日後精進學習打下良好基礎。

東方設計大學文化創意設計研究所
所長 黃佳慧

第一篇
手足保養

* 指甲構造
* 指甲常見問題
* 指甲形狀

Hand and Foot Care

壹、認識指甲構造

一、指甲構造

1.平面圖

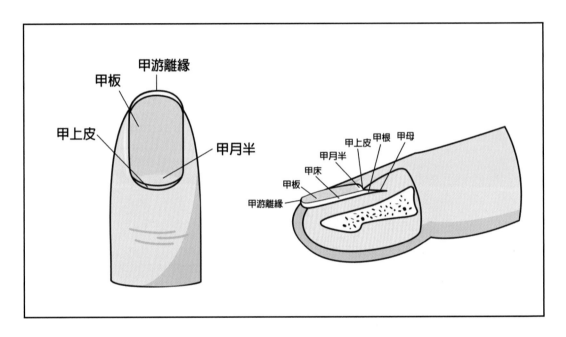

2.甲板(指甲體)：即我們一般所稱的"指甲"，是一種硬角質層，由半透明薄層狀角質細胞所構成。

3.甲母(質)：位於指甲根部，期細胞具有分裂能力，因此指甲能不斷生長。

4.甲根：指甲的根部，也是指甲生長的源頭，亦是甲母細胞分裂之處。

5.甲床：位於指甲體下方，密布微血管，其血液的顏色，使指甲表面呈現粉紅色。

6.甲廓：又稱甲皺襞，主要是保護及固定甲板用。

7.甲半月：位於指甲根部指緣皮下方，呈白色半月型，由甲母細胞生成但尚未角化完全的指甲組織。

8.甲上皮：俗稱甘皮或指緣皮，是指甲根部上方外圍的皮膚，正常健康的甘皮組織富含油脂、水分且柔軟有彈性，乾燥的甘皮會形成肉刺妨礙美觀。嚴重者易造成撕裂傷而引起發炎。

9.甲游離緣:位於指甲最前端，甲板與甲床分離的部位，風乾角化後會呈現白色，常因缺乏水分及養分造成斷裂。

10.甲下皮：又稱為甲尖內皮，位於指尖下方、手指前端。甲下皮能在甲床的外緣形成一道防線，阻擋異物入侵，防止細菌感染，具有保護甲床的功能。

11.甲溝：位於甲廓與甲床之間，也是指甲生長依循的軌道，當指甲修剪不當時，易造成甲溝炎。

12.微笑線：又稱游離緣，是甲尖與甲面的分界線。

二、指甲的病變

1.先天性病變:是指出生不久後就產生變化。

2.後天性變化:指甲常因感染或個人生理因素或外傷而發生的病變，常見有灰指甲、甲溝炎，建議尋找專業醫師治療。

三、常見指甲問題

1. 甲面波紋

甲面有縱紋或橫向的紋路，指甲上出現橫溝稱謂「博氏線」。遺傳、外力撞擊或身體不健康、營養不良都有可能造成。改善方式是可使用較細磨棒做適度的拋磨，再用拋光綿拋亮即可。通常三周至一個月處理一次，不可過度拋磨導致甲面變薄造成斷裂。而縱向紋路會隨著年齡而增加，是因為身體機能漸漸老化的關係。

2. 過脆之指甲

此種指甲薄而容易碎裂，多半是由於遺傳、受傷或疾病引起，嚴重者指甲表面如白色雲母般剝落及所謂的「甲體層狀分裂」或稱為「兩層甲」。主要是因貧血造成，另外缺乏蛋白質及過度使用去光水也是原因。

3. 長肉刺的指甲

指甲邊緣的外皮裂開而翹起，也有人稱為「倒刺」。因為手部乾燥、接觸強烈之清潔劑，修剪不當都有可能引起。此時可以剪去裂開翹起外皮，並塗抹消炎藥品。平時可用指緣保養油來保養，預防指緣過於乾燥。

4. 指甲根部軟皮過長

軟皮過長覆蓋住過多的甲面會使指甲看起來較短，可使用軟化劑泡水軟化後接著以推棒將過多的軟皮輕輕推向指甲根部，再使用甘皮剪將多餘軟皮剪去即可。

5.有白斑之指甲

白斑形成的原因有：

A.以外力的撞擊造成外傷最為常見。

B.缺乏營養元素—鋅。

C.白斑發生處缺乏角質素或角質異常。

6.啃齒症

指甲呈鋸齒狀，多數的原因都是因為用牙齒去咬指甲結果，喜歡咬指甲者，通常情緒容易緊張，遇到事情易感到孤獨、無聊時都會不由自主咬起指甲。建議裝上人工指甲，減少咬甲的次數。

7.崁甲

俗稱「凍甲」大多由於指甲修甲過度，指甲過短或斜尖太窄擠壓而引起。通常發生於腳拇指。因此要注意修剪指甲側邊時不要修太圓或太短，儘量以直線平修。有崁甲情形發生時若不處理甲溝內側的肉就會疼痛、發炎、甚至有化膿的症狀導致「甲溝炎」。

8.匙型指甲

此種指甲為甲面中央凹下前端向下翹起，以至指甲變成湯匙型，又稱勺型甲，主要因為缺凡鐵質貧血造成的，以女性最常見。

9.富貴手

富貴手俗稱主婦濕疹，是一種手部濕疹，其生成原因主要在於本身的膚質較敏感。對外來的物質反覆的刺激，而導致手

部乾燥、脫皮、龜裂、指紋消失，尤其在冬天的乾燥季節更為嚴重，通常因為接觸水、肥皂、清潔劑等化學物質造成手部搔癢的濕疹症狀。

富貴手

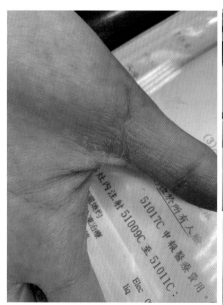
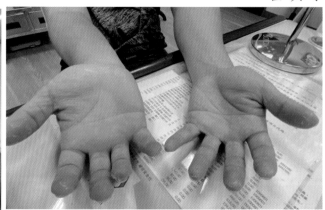

汗皰疹

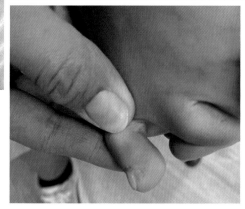

雞眼

10. 雞眼

雞眼主要原因是手足皮膚摩擦後生成的厚繭，醫學名稱足蹠疣，為局部長期受到擠壓、摩擦，導致表皮增厚而形成的厚繭。通常見於足部，是足部局限性圓錐狀角質增生性損害，患處表皮增生變厚角化，形狀像雞的眼睛，行走時受擠壓而疼痛為主要表現。預防方法是經常清潔手足外皮，適當軟化剪除生成的繭，治療方法為使用雞眼藥膏或專業皮膚科醫師。

11.足癬（Tinea pedis），又稱為香港腳，是種常見的、可傳染的皮膚病，而這樣的皮膚感染主要是由黴菌造成的。它常會引起發癢、脫皮以及皮膚發紅等症狀。在少數病例當中，甚至可能會有水泡產生的情形 。香港腳所導致的皮膚感染好發於趾縫間，次常見於足底。同時間，亦有可能罹患甲癬，俗稱灰指甲。

12.甲癬（onychomycosis），俗稱灰指甲，泛指受到真菌感染的指甲，通常影響腳趾，但手指甲也有機會出現。兩成指甲病是由甲癬所引起。甲癬的成因是真菌感染，主要細為分酵母菌感染、黴菌感染，以及皮癬菌感染，包括引甲癬的病徵有：趾甲變形、色變到灰褐色、暗黃色、趾甲變厚而難剪，甲板與甲肉分離，最後翹起脫落。

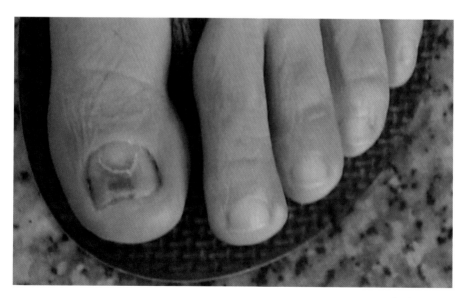

灰指甲

 小叮嚀：崁甲、雞眼、足癬、甲癬美甲師勿自行操作，建議尋找專業皮膚科醫師進行治療！

四、指型

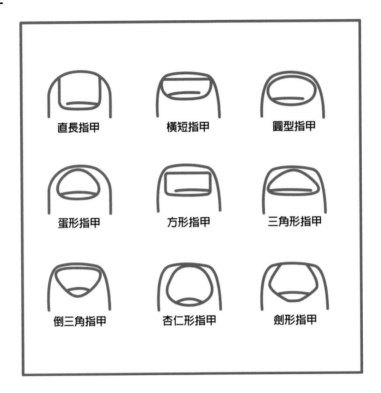

五、常用修整指形

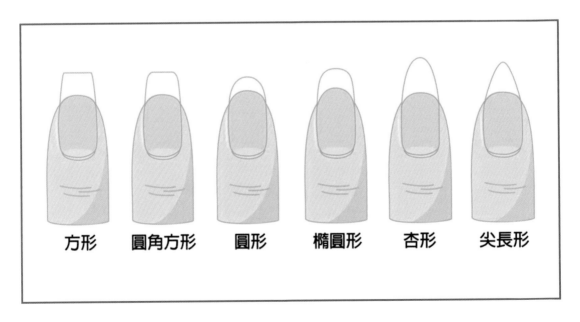

第二篇
手足保養須知

* 顧客資料卡
* 保養工具介紹
* 手足保養流程

Hand and Foot Care Instructions

貳、手足保養須知

一、顧客資料卡

美甲貴賓顧客資料卡

店名:　　　　　　　　　　　顧客編號:

姓名		生日		血型	
婚姻	□未婚　□已婚　子女數_____人			何處得知本店	
通訊地址				網路□	
1. 曾經做過指甲哪些項目 　指型修整□　手足保養□　凝膠指甲□ 　人工延甲□　水晶指甲□　其它_____				朋友介紹_____	
				職業:	
指甲種類	一般□　　　偏軟□　　　偏硬□				
指甲狀況	乾燥脫皮□　雞眼□　富貴手□　　嵌甲□ 色素沉澱□　灰指甲□　　其它_____				
消費項目	指型修整□　手足保養□　凝膠指甲□ 人工延甲□　水晶指甲□　其它_____				
金　額					

日　期	消費項目 / 服務流程	服務人員	顧客簽名

二、美甲服務項目與收費價格

凝膠美甲服務項目				
單色凝膠美甲		600		800
真甲養護		900		1200
法式甲片延甲		1800		2200
果凍延甲	手部	2200	足部	2400
延長甲單支		200		300
催燦延甲		2200		2400
法式延甲		2200		2400
造型延甲		2500		2800
貼鑽設計延甲		2800		3000
彩繪設計延甲		2800		3000
手足保養服務項目				
一般修指型剪甘皮		500		600
基礎保養		1000		1200
深層保養		2000		2200
敷蠟		200		300
敷膜		150		250

 小叮嚀：設備裝潢、地點、使用產品會影響服務收費

三、手足保養工具

目次	品項	功能
1	泡手盆	盛裝溫水，幫顧客做手部清潔、泡手、軟化甲皮。
2	甘皮剪	修除甲面指緣老廢甲上皮角質，指緣硬皮。
3	鋼推	推指甲邊緣殘留甲上皮角質，使其容易修除，勾甲垢。
4	磨甲機	磨除指緣硬皮，甲面紋路，卸甲前拋除甲面。
5	餘粉刷	清除磨甲完後的餘粉。
6	軟化劑	使甲緣甲上皮角質軟化，使之容易推除。
7	營養油	甲面保養油
8	健甲油	可提供甲面保養，特別是較軟指甲。
9	去繭液	軟化足底死皮。
10	磨棒 180/240	係數越大、磨棒較細，適合用真甲。
11	拋光條	用於保養甲面完後真甲拋亮。
12	角質霜	去除老廢角質。
13	按摩霜	滋潤手足保養肌膚。
14	手膜	保養滋潤嫩白皮膚。
15	乳液護手霜	保濕滋潤。

四、認識美甲專業磨棒

一、磨棒係數介紹

1.（80～100）：最粗的磨棒，通常用來磨水晶指甲或光療延甲的外框或長短，或卸甲時破壞磨除 表面光療或粉雕等。

2.（150）：適中的磨棒，用途較廣，從水晶、光療到真甲或指緣甘皮，均可使用此粗度來磨。

3.（180）：較細的磨棒，適合用來磨真指甲，或是水晶光療的細修。

4.（240）：較細的魔棒 一般均做成厚軟的泡棉材質，用做指甲表面或邊緣光滑度處理。

5.（兩面拋光棉）：由細、超細、極細、三面組成，使用於甲面拋磨光亮用途。

6.拋光棒：本身就帶有拋光蠟的成分，拋光臘能直接將指甲表面拋亮。

#80　　　粗　　（水晶甲、光療延甲）

#100　　粗

#150　　　↓

#220　　細　　（真指甲）

#240　　細　　（真指甲）

二、磨甲方式

　　1.磨棒由粗到細。

　　2.磨長度。

　　3.磨寬度。

　　4.磨下側。

　　5.3、4左下，3、5右下。

　　6.磨薄指緣邊6、7。

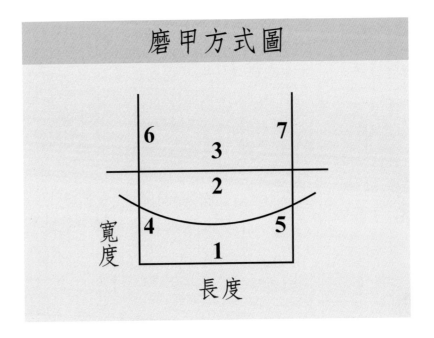

磨甲方式圖

五、手部基礎保養工具

① 泡手盆　② 鋼推　③ 甘皮剪　④ 磨皮機　⑤ 餘粉刷

⑥ 軟化劑　⑦ 指緣油　⑧ 營養油　⑨ 硬甲油　⑩ 消毒噴劑

⑪ 去繭液　⑫ 角質霜　⑬ 手膜　⑭ 手霜

⑮ 180/240搓條　⑯ 拋光條　⑰ 按摩霜

六、手部基礎保養護理

保養程序

1. 消毒
2. 去色
3. 修整指型
4. 指緣上軟化劑
5. 浸泡
6. 推甲面角質及甘皮
7. 修剪甘皮
8. 拋光
9. 硬甲油/亮油
10. 指緣上營養緣（按摩）

七、手部基礎保養流程圖

基礎保養作業步驟圖

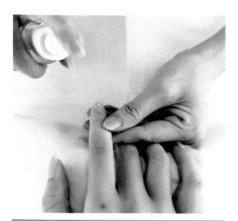

Step1 手部消毒

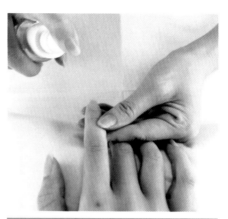

Step2 去色

Step3 修指型

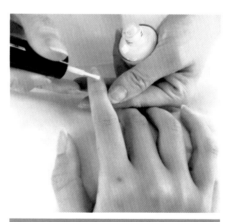

Step4 上指緣軟化劑

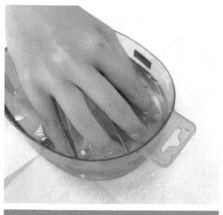

Step5 浸泡

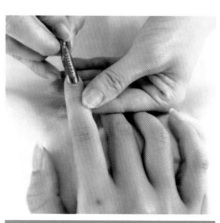

Step6 推甲面角質及甘皮

基礎保養作業步驟圖

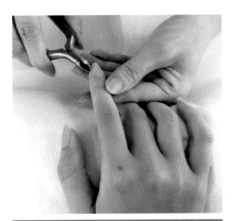

Step 7 修剪甘皮

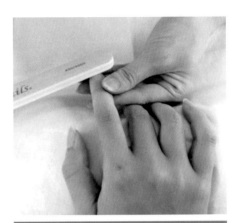

Step 8 拋　光

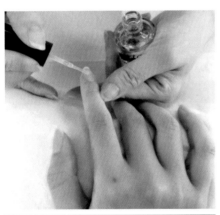

Step 9 硬甲油/亮油

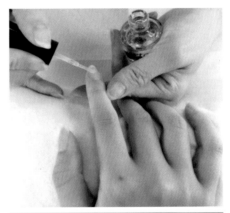

Step 10 指緣上營養油（按摩）

八、深層保養程序

保養程序

1.消毒

2.去色

3.修整指型

4.指緣上軟化劑

5.浸泡

6.推甲面角質及甘皮

7.修剪甘皮

8.磨指緣較平整

9.去角質

10.敷手膜(20分)

11.包膜

12.拋光

13.硬甲油/亮油

14.指緣上營養油

八、手部深層保養流程圖

深層保養作業步驟圖

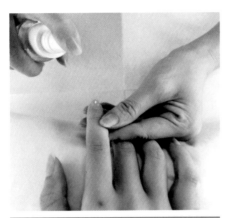

Step1 手部消毒

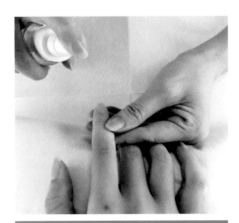

Step2 去色

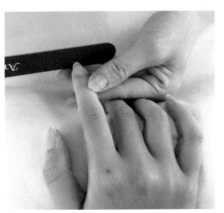

Step3 修指型

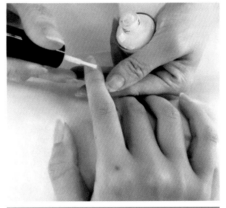

Step4 五指緣上軟化劑

Step5 浸泡

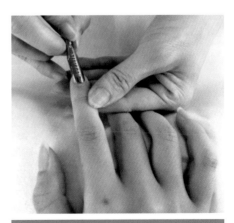

Step6 推甲面角質及甘皮

深層保養作業步驟圖

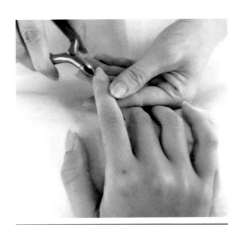

Step7 修剪甘皮

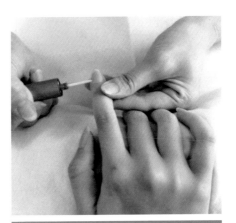

Step8 磨指緣較平整

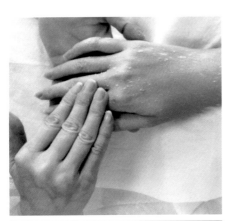

Step9 去角質

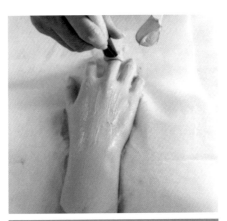

Step10 敷手膜

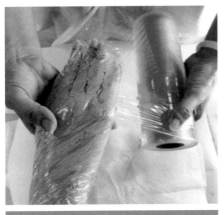

Step11 包膜

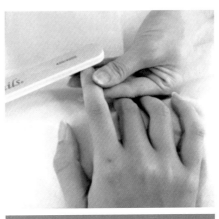

Step12 拋光

美甲攻略　-26-

深層保養作業步驟圖

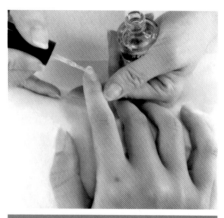

Step13　硬甲油/亮油

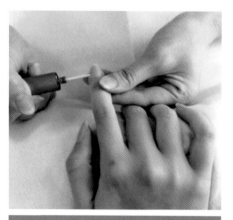

Step14　指緣上營養油

九、足部保養

1.足部基礎保養

保養程序

1.消毒

2.泡足

3.敷足繭液(3-5分鐘)

4.磨足底腳繭

5.修整指型

6.指緣上軟化劑

7.泡足

8.推甲面角質及甘皮

9.修剪甘皮

10.拋光

11.硬甲油/亮油

12.指緣上營養油（按摩）

2.足部基礎保養流程圖

足部基礎保養作業步驟圖

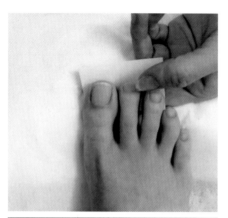

Step1 手足部消毒

Step2 泡 足

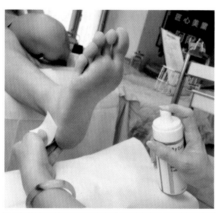

Step3 去繭液濕敷

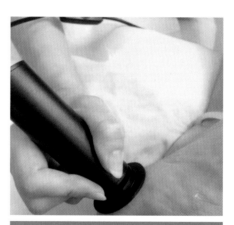

Step4 磨足底腳繭

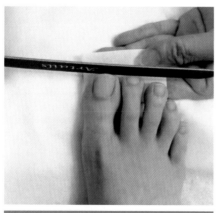

Step5 修整指型

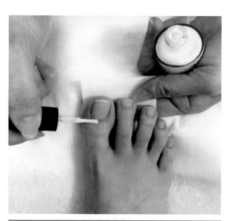

Step6 指緣上軟化劑

足部基礎保養作業步驟圖

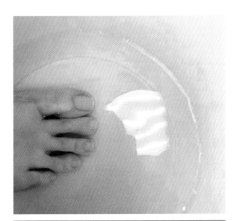

Step7   泡 足

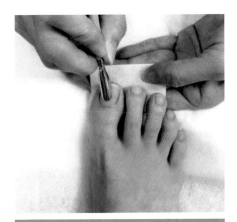

Step8   推甲面角質及甘皮

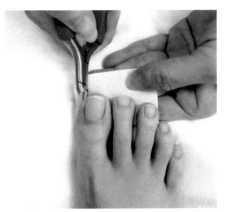

Step9   修剪甘皮

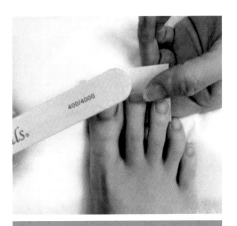

Step10   拋 光

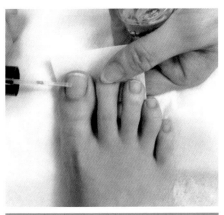

Step11 甲面上硬甲油/亮油

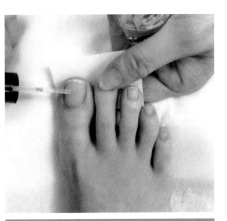

Step12   指緣上營養油

2.足部深層保養程序

保養程序

　1.消毒

　2.泡足

　3.敷足繭液(3-5分鐘)

　4.磨足底腳繭

　5.修整指型

　6.指緣上軟化劑

　7.泡足(3-5分)

　8.推甲面角質及甘皮

　9.修剪甘皮

10.磨指緣

11.去角質

12.敷足膜

13.包膜

14.拋光

15.硬甲油/亮油

16.指緣上營養油（按摩）

3.足部深層保養流程圖

足部深層保養作業步驟圖

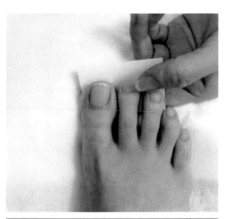

Step1　手足部消毒

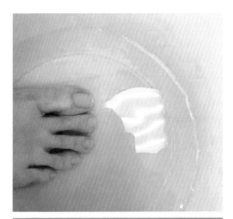

Step2　泡　足

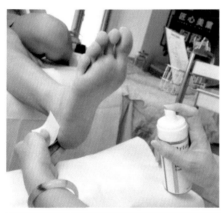

Step3　去繭液濕敷

Step4　磨足底腳繭

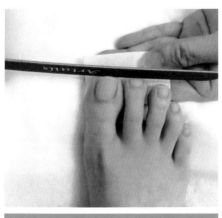

Step5　修整指型

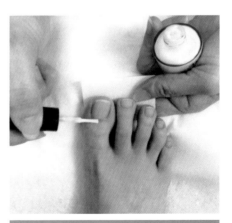

Step6　指緣上軟化劑

足部深層保養作業步驟圖

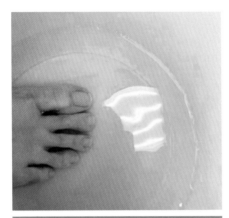

Step7　泡　足

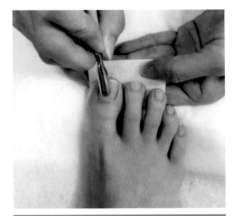

Step8　推甲面角質及甘皮

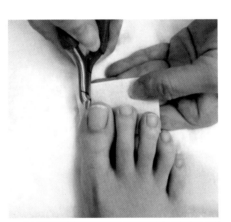

Step9　修剪甘皮

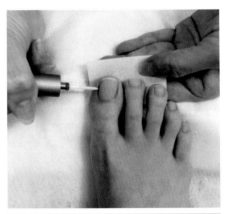

Step10　磨指緣

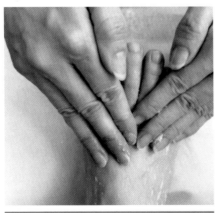

Step11　去角質

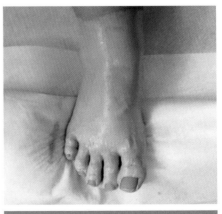

Step12　敷足膜

足部深層保養作業步驟圖

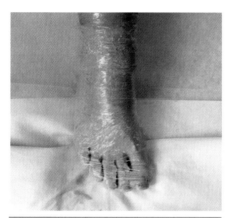

Step13 　硬甲油/亮油

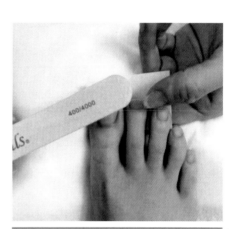

Step14 　　拋　光

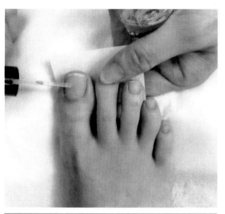

Step15 　硬甲油/亮油

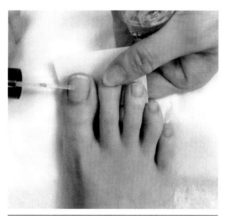

Step16 　指緣上營養油

❀ 小叮嚀：操作足部保養前足部先行消毒，施作者亦可戴手套！ ❀

MA

Denis

第三篇
色彩運用

Use of Color

參、色彩運用

一、色相環介紹

1.伊登12色相環

十二色環由瑞士設計師約翰‧伊登所提出，其結構為：
等邊三角形內的三原色──紅、黃、藍作為第一次色，將三原
色兩兩相加可調出橙、綠、紫等第二次色，如果再將這六種
顏色中兩相鄰的顏色等量互調，得到該兩色的中間色（第三
次色），便產生了十二色色環。

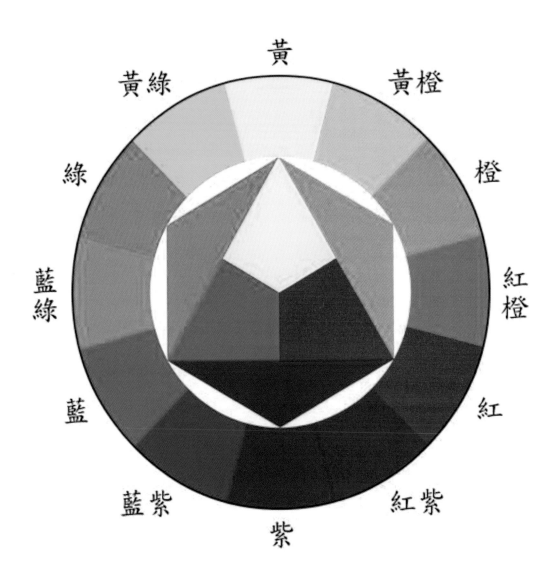

二、配色技巧

1.同色系

同一個色系裡面的兩個或多個不同顏色。所以這種搭配能夠
表現一種漸變的層次感。

同色系配色參考

2.類似色：是指在色相環上相鄰的三個顏色。

3.鄰近色：就是在色相環上相鄰近的顏色。

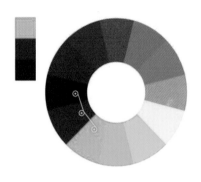

類似色/鄰近色配色參考

三、互補對比色

  有非常強烈的對比度，在顏色飽和度很高的情況下，可以創造
出強烈的視覺效果。

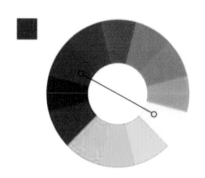

互補對比色配色

四、無色彩

無彩色是指金、銀、黑、白、灰。試將純黑逐漸加白，使其由黑、深灰、中灰、淺灰直到純白。

五、多色配色運用－暖色、夏季常用色系

六、多色運用－冷色、冬季常用色系

七、彩繪工具

❶色膠　　❷圓點筆　　❸細中長拉線筆

❹細筆　　❺斜筆　　❻花瓣筆

八、彩繪技法

水滴花卉一步驟

Step1

甲面先上一層甲油膠（照燈30秒）白色色膠畫出水滴花瓣，避免暈開，畫一瓣就先照燈（30秒）

Step2

繼續完成水滴花（照燈30秒）。

Step3

1.水滴花排列出整朵及半朵形狀，設計線條與層次感。

2.無漬上層凝膠（照燈30秒）
　完成

完成圖

花卉設計—步驟

Step1

甲面先上一層琉璃彩膠(照燈30秒)、用白色色膠畫出花瓣(照燈30秒)

Step2

花瓣上一層黃色琉璃彩膠(照燈30秒)

Step3

白色色膠推疊花瓣(照燈30秒)用細筆畫蕊心(照燈30秒)

Step4

白色色膠推疊花瓣(照燈30秒)用細筆畫蕊心(照燈30秒)

Step5

另一側畫出不同色系花瓣(照燈30秒)

Step6

1.用細線筆拉線、圓點筆點局部(照燈30秒)
2.無漬上層凝膠(照燈30秒
完成

花卉設計—步驟

Step1

用彩繪筆畫出花瓣
（照燈30秒）

Step2

用不同顏色在花瓣與
花瓣中重疊花瓣
（照燈30秒）

Step3

用細線筆在花瓣外側
拉出線條、增加立體
感。

Step4

使用貼鑽膠，黏貼鑽
在蕊心（照燈30秒）

Step5

塗上一層無漬上層凝
膠（照燈30秒）
完成

完成圖

玫瑰花設計一步驟

Step1

甲面先上甲油膠
（照燈30秒）

Step2

使用彩繪筆用點、
壓、拉畫出花瓣
（照燈30秒）

Step3

完成花瓣上方用半朵
花瓣呈現
（照燈30秒）

Step4

中間完成花瓣下方用
半朵花瓣呈現、花瓣
中間畫幾瓣葉子
（照燈30秒）

Step5

中間完成花瓣下方用
半朵花瓣呈現、花瓣
中間畫幾瓣葉子
（照燈30秒）

Step6

塗上一層無漬上層凝
膠（照燈30秒）
完成

夏季海洋設計一步驟

Step1

不同顏色上底色

Step2

顏色暈開
（照燈30秒）

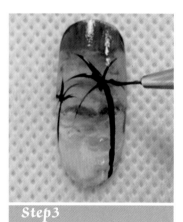

Step3

用細筆畫椰子
樹幹

Step4

用細筆畫椰子
樹幹
（照燈30秒）

Step5

1.用細筆畫上葉子
　（照燈30秒）
2.無漬上層凝膠
　（照燈30秒）
　完成

完成圖

九、彩繪設計作品-阿爾堤斯團隊製作

彩繪設計【作品一】-阿爾堤斯團隊製作

彩繪設計作品-阿爾堤斯團隊製作

【作品二】

【作品三】

彩繪設計作品-阿爾堤斯團隊製作

【作品五】

【作品四】

彩繪卡通人像設計-阿爾堤斯團隊製作

【作品六】

第四篇
凝膠彩繪

Gel Painting

四、凝膠彩繪

一、凝膠美甲彩繪產品介紹

光療膠屬於樹脂材質，需要紫外線燈相互反應引發固化現象、ＵＶ燈有很多波長，使用指甲照的UV燈的波長不會使皮膚變黑。

項次	品名	功能
1	底膠	幫助光療膠與真甲做結合（早期使用防潮劑及固定劑主要除去水份幫助接合，新的產品底膠替代接合及固定劑）。
2	延長膠	延出人工甲，性質較硬，又稱建構膠或延甲膠。
3	甲油膠	美化指甲，性質較稀。
4	色膠	美化指甲，性質較稠，色彩較飽和。
5	貓眼膠	透過磁鐵做出造型。
6	琉璃膠	顏色較透做琉璃延甲、琥珀、珠寶。
7	3D膠	做出立體造型。
8	柏金膠	膠體裡面含有大量的亮片。
9	暈染膠	可將其他顏色甲油膠暈開。
10	水墨液	性質是液體做造型用。
11	上層膠/封層膠	不會有殘餘黏性，使用後有透亮效果，可分為：A無漬上層：不用去膠。B一般上層：要除膠。C霧面上層：做出甲面效果是霧面。
12	除膠劑	去除殘留餘膠。
13	消毒噴霧	凝膠指甲前置作業消毒用。
14	指模	延人工指甲所需要的指模。
15	卸甲液	卸除人工指甲及光療。
16	光照燈	分為UV燈光凝膠固化時間較慢、LED燈只能用於LED膠、LED+CCFL極冷燈UV膠及LED膠皆可用凝膠固化速度較快。燈瓦數較低照乾時間較長，燈瓦數較高燈照時間較短。
17	凝膠洗筆液	除凝膠筆上的顏色與凝膠黏性 保護筆不硬化。

二、美甲造型飾品介紹

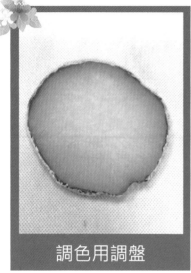

調色用調盤

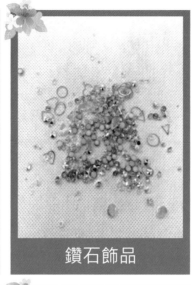

鑽石飾品

飾品鑽盒搭配

鉚釘飾品

亮片

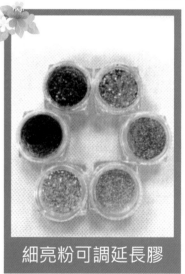

細亮粉可調延長膠

魔鏡粉

石紋

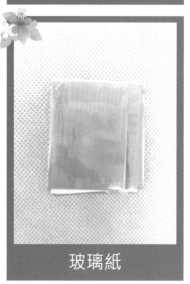

玻璃紙

美甲造型飾品介紹

星空貼

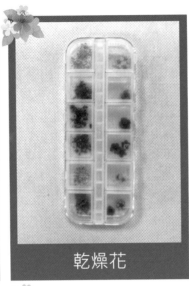
乾燥花

細乾燥花+葉子

貝殼

金銀箔紙

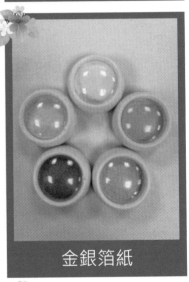
金銀箔紙

甲片用腳架

筆架

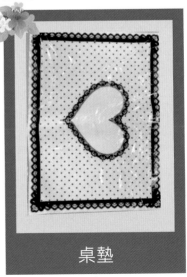
桌墊

三、凝膠指甲工具

① 餘粉刷　　② 鐵推棒　　③ 100/180搓條　　④ 100/180粉拋

⑤ 凝膠清潔劑　⑥ 消毒噴劑　⑦ 卸甲液　⑧ 甘皮剪　⑨ 一字剪

⑩ 底膠　　　⑪ 上層凝膠　　⑫ 色膠　　⑬ 甲油膠

⑭ 凝膠筆刷　　⑮ 建構膠　　⑯ 塑形夾　　⑰ 照燈

四、凝膠及工具的選擇

* 彩繪凝膠選擇

市售彩繪凝膠選擇多元，如何選擇時需要注意哪些事項。

1.選擇通過政府SGS認證。

2.毛刷材質。

3.色澤飽和度。

4.產品容易塗擦上色。

5.卸除後不易殘留。

* 凝膠上色方式

 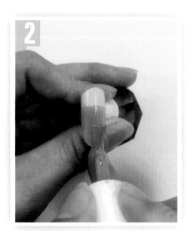 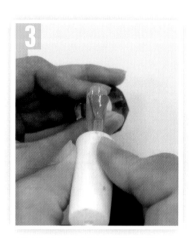

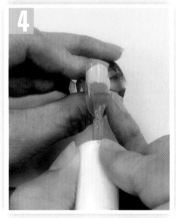  

操作說明

圖1：先將甲油膠在甲面中間上色往下滑
圖2：左邊往下滑
圖3：右邊下滑
圖4：在從頂部中間下滑，左邊下滑右邊下滑，甲油膠照乾在重複乙次

五、凝膠美甲彩繪構圖設計方式

中心

後方

法式

對角

角落

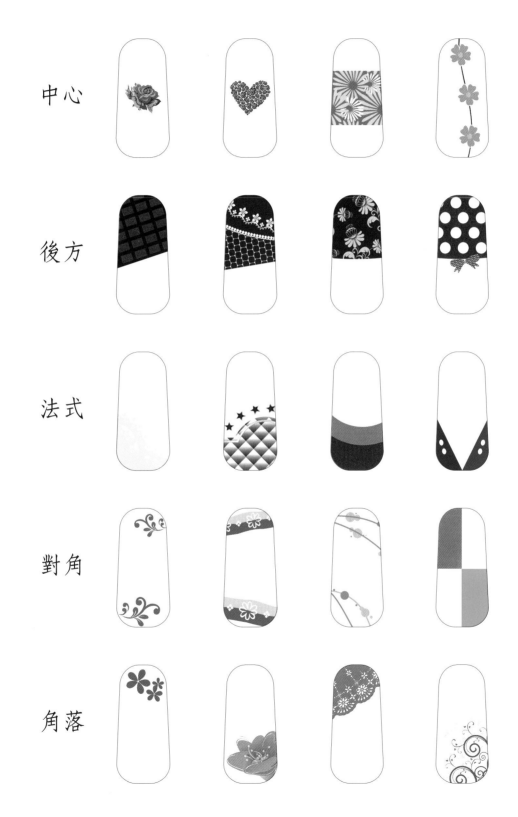

凝膠美甲彩繪構圖設計方式

側邊

直線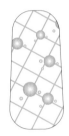

曲線

斜線

全面

六、凝膠指甲璀燦延甲

凝膠指甲璀燦延甲【流程圖1】

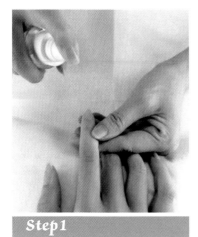

Step1

消毒手部

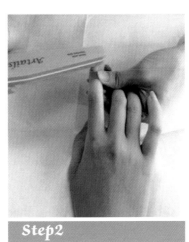

Step2

輕搓甲面

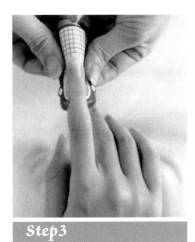

Step3

架指膜

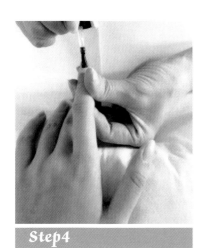

Step4

底　膠

Step5

延長膠調亮粉

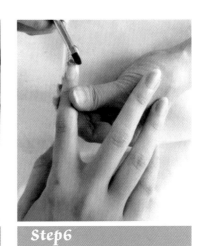

Step6

取膠延甲

凝膠指甲璀燦延甲【流程圖2】

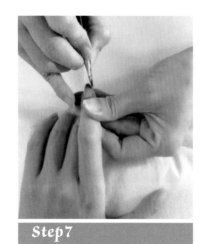

Step7

取膠延甲做指型

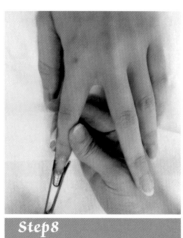

Step8

照燈10秒、塑形夾
塑形、照燈20秒。

Step9

除　膠

Step10

修指型

Step11

粗拋、細拋修甲面

Step12

清除餘粉

凝膠指甲璀璨延甲【流程圖3】

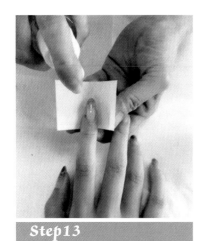

Step13

上層膠/除膠

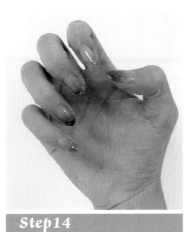

Step14

完成

Step15

完成圖

小叮嚀

凝膠指甲璀璨延甲

1. 消毒手部。
2. 輕搓甲面。
3. 架指膜。
4. 底膠。
5. 延長膠調亮粉。
6. 取膠延甲。
7. 取膠延甲做指型。
8. 照燈10秒、塑形夾塑形、照燈20秒。
9. 除膠。
10. 修指型。
11. 粗拋、細拋修甲面。
12. 清除餘粉。
13. 上層膠/除膠。
14. 完成。

七、卸甲操作程序

  1.消毒

  2.100搓板輕搓甲面

  3.用脫棉沾卸甲液敷甲面

  4.鋁箔紙包覆(20分鐘)

  5.鐵推去甲面

  6.細拋甲面

  7.甲面拋光

卸甲操作程序【流程圖1】

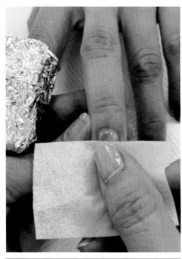

Step1

消毒手部

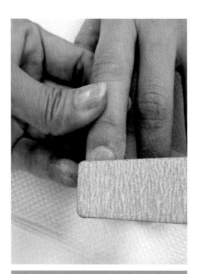

Step2

100搓板輕搓甲面

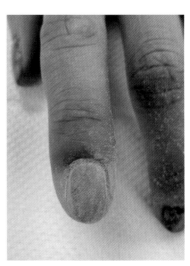

Step3

100搓板輕搓甲面完成

卸甲操作程序【流程圖2】

Step4

用脫棉沾卸甲液
敷甲面

Step5

鋁箔紙包覆（20分鐘）

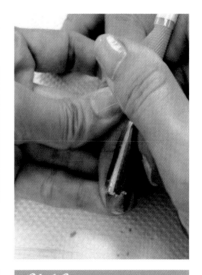

Step6

鐵推去甲面

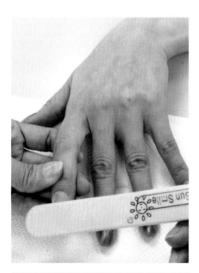

Step7

細拋甲面

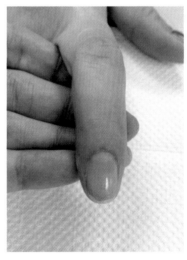

Step8

甲面拋光

Step9

完成圖

八、凝膠造型設計流程圖

大理石凝膠造型設計

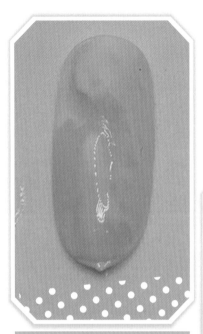

Step1

用寬面筆刷、上
一層白色甲油膠、
再加強一次白色甲油
膠局部暈開
（照燈30秒）

Step2

上淺藍色甲油膠可
和白色交叉重疊產
生漸層感
（照燈30秒）

Step3

1. 用細線筆作粗細
   的線條
   （照燈30秒）

2. 無漬上層凝膠
   （照燈30秒）
   完成

法式貼鑽凝膠造型設計

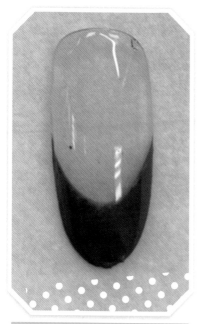

Step1

選一色勾勒出微笑線
（照燈30秒）

Step2

使用貼鑽膠在微笑線
上做出排列
（照燈30秒）

Step3

1. 再上一次貼鑽膠，
   大小鑽飾排列推疊
   （照燈30秒）
2. 無漬上層凝膠
   （照燈30秒）
   完成

圓點凝膠造型設計

Step1

上單色彩膠
（照燈30秒）

Step2

中間拉一直線、用細
頭圓點筆點上白色、
用較粗圓點筆點上黑
色
（照燈30秒）

Step3

1. 用黏鑽膠，將飾品
   貼上
   （照燈30秒）

2. 無漬上層膠
   （照燈30秒）
   完成

雕花凝膠造型設計款

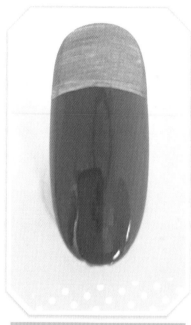

Step1

先上一層甲油膠
（照燈30秒），
再上銀膠
（照燈30秒）

Step2

用拉線膠做出多個
直條紋
（照燈30秒）

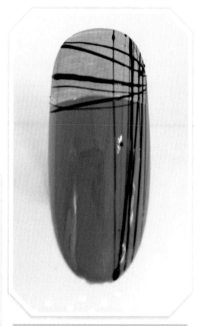

Step3

用拉線膠做出多個橫
條紋
（照燈30秒）

無漬上層膠
（照燈30秒）
完成

雕花凝膠造型設計款

Step4

用雕花膠雕出花瓣、
蕊心細、花瓣較厚做
出層次
（照燈30秒）

Step5

雕花膠推疊花瓣上、
第二層花瓣較小
（照燈30秒）
貼鑽膠貼在蕊心
（照燈30秒）

Step6

無漬上層凝膠
（照燈30秒）
完成

貓眼凝膠應用造型設計款

  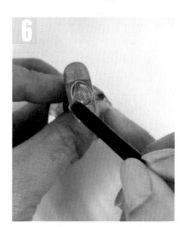

圖1：上一層甲油膠，(照燈30秒)

圖2：上一層貓眼膠用磁鐵吸附甲面(照燈30秒)

圖3：局部上銀膠(照燈30秒)

圖4：選有框飾品，用黏鑽膠貼上(照燈30秒)

圖5：用貝殼素材，切成碎片貼上(照燈30秒)

圖6：用建構膠鋪上一層呈拋物線、做出寶石效果
(照燈30秒)

圖7：無漬上層凝膠(照燈30秒)，完成

貼鑽凝膠造型設計款

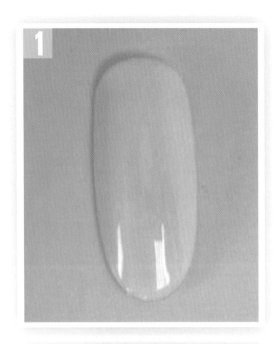

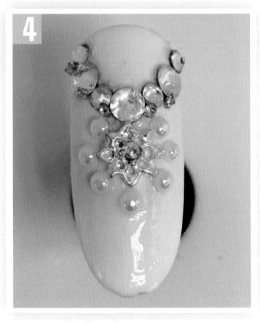

圖1：白色甲油膠（照燈30秒）

圖2：先上黏鑽膠、排鑽貼上（照燈30秒）

圖3：先上黏鑽膠、貼上造型鑽（照燈30秒）

圖4：1.先上黏鑽膠、貼上珍珠（照燈30秒）

    2.無漬上層膠（照燈30秒），完成

多邊形凝膠造型設計款

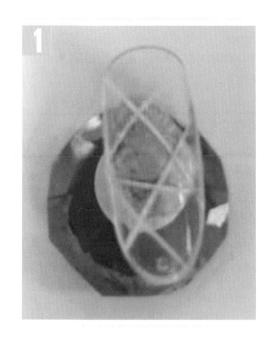
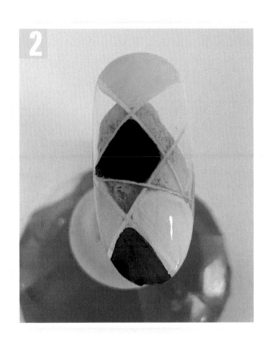

操作說明

圖1：畫出不規則細線，（照燈30秒）

圖2：不同顏色填滿格子（照燈30秒）

圖3：1.用黑色畫線（照燈30秒）

　　　2.使用無漬上層凝膠（照燈30秒）

　　　完成

貝殼造型凝膠設計款

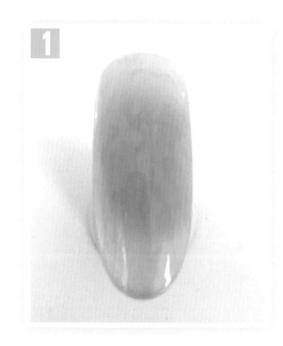

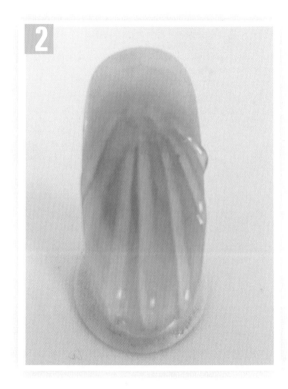

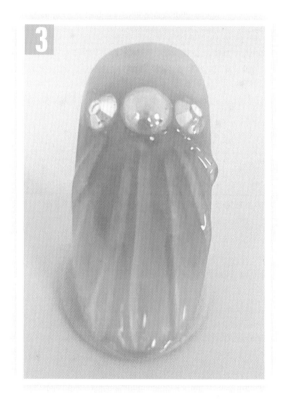

操作說明

圖1：上兩色甲油膠（照燈30秒）

圖2：細線筆用建構膠做出拉線、
　　　避免塌陷建議先做出1-2條
　　　（照燈30秒）

圖3：　1.黏鑽膠貼鑽（照燈30秒）
　　　　2.無漬上層膠（照燈30秒）
　　　　完成

 小叮嚀：做任何凝膠造型前可以先上底膠照燈10秒。

凝膠作品：阿爾提斯團隊

✿ 凝膠作品：阿爾提斯團隊

ALTIS TEAM

凝膠作品：阿爾堤斯團隊

❀ 真人實作－黎兒美甲美睫

❀ 真人實作－錦玲

❀ **真人實作－錦玲**

真人實作－欣霏

真人實作－欣霏

真人實作－郁婷

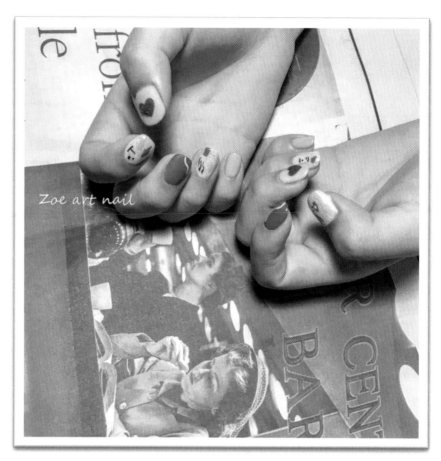

❀ 甲片凝膠作品－小伶

❀ 甲片凝膠作品－小份

✿ 美甲造型欣賞一姬逸婷製作

Gel Works

 凝膠作品

✿ 美甲造型欣賞－婭逸婷製作

 美甲攻略 -87-

🌸 美甲造型欣賞－姬逸婷製作

美甲造型欣賞－徐翠梅製作

美甲造型欣賞－徐翠梅製作

美甲造型欣賞－徐翠梅製作

美甲造型欣賞－徐翠梅製作

❁ 美甲造型欣賞－詩姈製作

❀ 美甲造型欣賞－詩姑製作

POETIC

❀ 美甲造型欣賞－詩妘製作

❀ 美甲造型欣賞－芝瑾製作

❀ 美甲造型欣賞－芝瑾製作

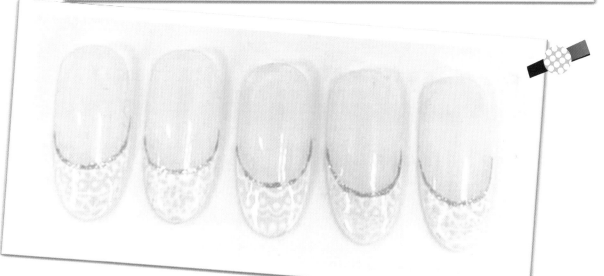

❀ 美甲造型欣賞－黎兒製作

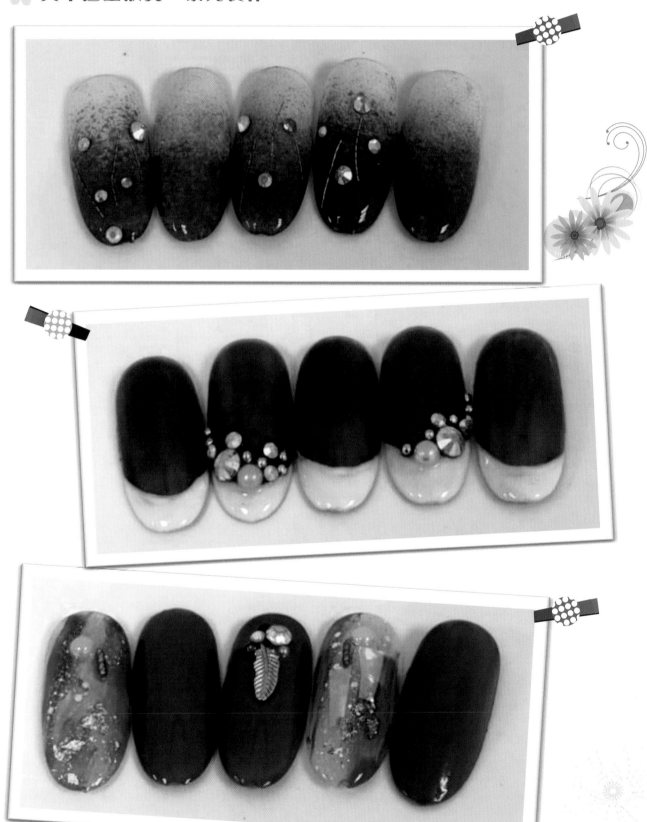

美甲造型欣賞－黎兒製作

❀ 美甲造型欣賞－小南製作

❀ **美甲造型欣賞－小南製作**

圖片提供

阿爾堤斯科技有限公司附設美容美髮短期補習班	TEL:07-3337733 LINE:@arts33
潘朵拉美甲美睫-小伶 (高雄旗山)	TEL:0976-551654 / 07-6622520
黎兒美容美甲美睫手足保養 (高雄岡山)	TEL:0968-015381
黃芝瑾美甲工作室 (高雄左營)	TEL:0962-077085
龔詩茹美甲工作室 (高雄林園)	TEL: 0925-265127
Laura美甲日常-欣霏 (高雄苓雅)	IG: IG: lauranails_studio　　LINE: @524xajcb
TING NAIL –逸婷 (高雄旗山)	TEL:0989-634032
越美美甲美睫-小南(屏東東港)	TEL:0909-351429
Geniues日韓美甲美睫-小琳(台南永康)	TEL:0978-898018
ZOE美甲時日-郁婷(桃園)	IG: zoeart_nails　　LINE: @761eysnc
小橋美甲美睫(高雄左營)	TEL:0930-071601

國家圖書館出版預行編目(CIP)資料

我的第一本美甲攻略 / 黃敏香. —— 初版.——
高雄市：阿爾堤斯科技有限公司, 2020.10
　面；　公分

ISBN 978-986-99694-0-6（平裝）

1.指甲　2.美容

425.6　　　　　　　　　　　　　109016871

我的第一本美甲攻略

作　　　者：黃敏香
發 行 人：顏文山
執行編輯：陳雅甄
封面設計：顏孝蓁
封面美甲作品：黃敏香
封底美甲作品：陳楀縈
攝　　　影：顏孝蓁、顏皓煒
插畫繪製：黃芝瑾
出 版 者：阿爾堤斯科技有限公司
地　　　址：高雄市鳳山區漢慶街82巷6號7F
電　　　話：07-3337733　傳眞：07-3330072
網　　　址：www.artsbest.com.tw
圖片提供：培英診所、阿爾堤斯美容美甲補習班師生
代理經銷：白象文化事業有限公司
地　　　址：401 台中市東區和平街228巷44號
電　　　話：04-22208589
冊　　　次：初版
初版日期：2020年10月
Ｉ Ｓ Ｂ Ｎ：978-986-99694-0-6
定　　　價：390元

若您對書籍內容、排版印刷有任何問題，歡迎來信指導 arts28618286@gmail.com